中小学生家庭预防近视指导丛书

JIATING KEZHUOYI TIAOZHENG ZHINAN

家庭课桌椅调整指南

安徽医科大学公共卫生学院

主 编

陶芳标 金菊香 伍晓艳

编 者

华文娟 方 云 袁长江

时代出版传媒股份有限公司
安徽科学技术出版社

图书在版编目(CIP)数据

家庭课桌椅调整指南 / 陶芳标,金菊香,伍晓艳主编.--合肥:安徽科学技术出版社,2017.8
(中小学生家庭预防近视指导丛书)
ISBN 978-7-5337-5115-9

Ⅰ.①家… Ⅱ.①陶…②金…③伍… Ⅲ.①桌台-调整②椅-调整 Ⅳ.①TS665

中国版本图书馆 CIP 数据核字(2017)第 162781 号

中小学生家庭预防近视指导丛书
家庭课桌椅调整指南

主编 陶芳标 金菊香 伍晓艳

出 版 人:丁凌云 选题策划:徐浩瀚 黄 轩 责任编辑:黄 轩 聂媛媛
责任校对:张 枫 责任印制:廖小青 封面设计:古文斌
出版发行:时代出版传媒股份有限公司 http://www.press-mart.com
　　　　　安徽科学技术出版社 http://www.ahstp.net
　　　　　(合肥市政务文化新区翡翠路 1118 号出版传媒广场,邮编:230071)
　　　　　电话:(0551)63533323
印　　制:安徽联众印刷有限公司 电话:(0551)65661331
(如发现印装质量问题,影响阅读,请与印刷厂商联系调换)

开本:889×1194 1/24 印张:1 字数:15 千
版次:2017 年 8 月第 1 版 2017 年 8 月第 1 次印刷

ISBN 978-7-5337-5115-9 定价:8.00 元

前　　言

　　中小学生处在身体生长发育的关键时期，课桌椅的高度应随着身体发育的变化而进行相应调整。如果课桌椅高度与学生的身高不匹配，将会形成不良的坐姿习惯，使学生出现脊柱弯曲、驼背和近视。虽然目前很多学校已开始使用可调式课桌椅，但在实际使用过程中并没有根据学生身高及时调整桌椅高度。此外，学生除了在校学习外，还有较多时间在家看书、写作业，但是我们在调查中发现：很多学生在家甚至没有专用的课桌椅。长此以往，这将会对中小学生的身体及视力发育产生不利影响。为了培养、加强家长和学生正确使用家庭课桌椅的意识，本手册从实用和便于操作的角度出发，以图文并茂的方式，为家庭正确使用和调配课桌椅提供指导。

目　　录

一、课桌椅尺寸不合适会有怎样的危害？

☹ 课桌椅过高

眼睛与书本距离太近，容易诱发近视。

☹ 课桌椅过低

写字时弯腰驼背，容易造成脊柱弯曲，不利于身体发育。

二、正确的读写姿势是怎样的？

背部挺直

大腿与小腿垂直

双脚能平放在地面上

执笔和坐姿要领

头正 头部端正，自然前倾，眼睛距离桌面大于30厘米。

臂开 双臂自然下垂，左右撑开，保持一定的距离。左手按纸，右手握笔。

身直 身体坐稳，双肩放平，上身保持正直，略微向前倾，胸离桌子一拳头，全身要放松、自然。

脚平 两脚放平，左右分开，自然踏稳。

☺ 正确的读写姿势

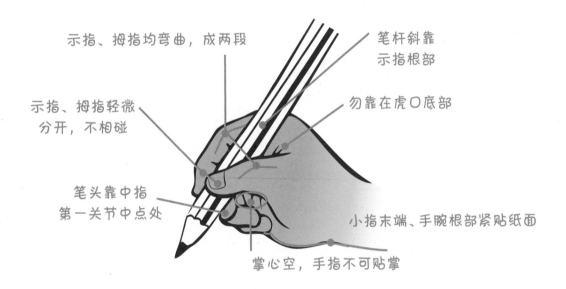

示指、拇指均弯曲，成两段

笔杆斜靠
示指根部

示指、拇指轻微
分开，不相碰

勿靠在虎口底部

笔头靠中指
第一关节中点处

小指末端、手腕根部紧贴纸面

掌心空，手指不可贴掌

握笔要领

　　笔杆应放在拇指、示指和中指的三个指梢之间，示指在前，拇指在左后，中指在右下。

　　示指应较拇指低些，并且两者不相碰，手指尖距笔尖约3厘米，笔杆斜靠在示指根部关节处。

　　执笔要做到"指实掌虚"，就是手指握笔要实，掌心要空。

三、 我应该使用什么尺寸的课桌椅？

☺ 量一量自己的身高，为自己选择合适的课桌椅型号

我的身高是159.3厘米。根据中小学课桌椅尺寸表，我可以选用3号或4号课桌椅。

先量一量我们的身高，再对应下一页的中小学课桌椅尺寸表，选择适合我们的课桌椅型号。这样我们看书写字就能更舒适了！

中小学课桌椅尺寸表（GB/T 3976-2014）				
				厘米
课桌椅型号	课桌桌面高	课椅座面高	标准身高	身高范围
0 号	79	46	187.5	≥ 180
1 号	76	44	180.0	173 ~ 187
2 号	73	42	172.5	165 ~ 179
3 号	70	40	165.0	158 ~ 172
4 号	67	38	157.5	150 ~ 164
5 号	64	36	150.0	143 ~ 157
6 号	61	34	142.5	135 ~ 149
7 号	58	32	135.0	128 ~ 142
8 号	55	30	127.5	120 ~ 134
9 号	52	29	120.0	113 ~ 127
10 号	49	27	112.5	≤ 119

注意：家里要配备学习专用的课桌椅，千万不能使用餐桌（常偏高）、凳子/椅子（过高或过低）或床（偏软、偏低）代替，这些都不利于我们的眼睛和身体的正常发育！

☺ 自我检测课桌椅是否合适的方法

课桌椅高度应适合身高，当我们长高时要及时调节课桌椅的高度或调换合适的桌椅。

自我检测课桌椅是否合适：椅高应以坐在上面，大腿与小腿垂直、脚能平放在地面上的高度为宜；桌子的高度应是坐位时，背部挺直、上臂下垂、前臂水平时，桌面位于肘上3~4厘米为宜。

3~4厘米

上臂下垂、前臂水平时，桌面位于肘上3~4厘米

背部挺直

大腿与小腿垂直

脚能平放在地面上

☺ 桌面的选择

桌面可为平面，也可为斜面；可为固定式，也可为向上翻转式。如桌面为斜面，坐人侧向下倾斜0°~12°角，该侧桌缘高度应与平面桌相同。

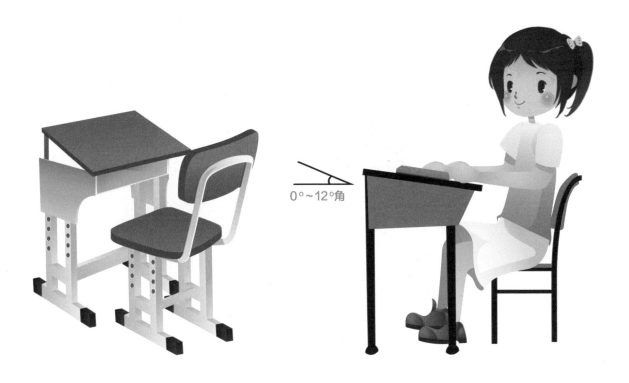

0°~12°角

四、课桌椅应如何摆放？

　　很多家庭都将书桌放在墙角，或是远离窗户的一侧，这是不合适的，因为这样摆放书桌不能很好地利用自然光线。

　　书桌的正确摆放位置是将其放在窗户旁，使其长轴与窗户垂直，习惯使用右手写字的同学，使光线从左手边射入（习惯使用左手写字的同学相反）。这样不仅能够很好地利用自然光照明，还能够避免手部遮挡光线。

光线射入方向

学习桌应与
窗户垂直摆放

五、现有课桌椅不合适怎么办？

✅ 可调式课桌椅，根据身高调节课桌桌面高和椅子座面高即可。

❤️ 不可调式课桌椅，若桌子过高，尽可能使用高一点的椅子，并在脚下垫一脚垫，使脚能平放在脚垫上，大腿与小腿垂直，处于水平位。

大腿与小腿垂直，处于水平位

❤️ 不可调式课桌椅，桌子或椅子过高时，还可让父母将桌腿或椅腿锯短一截，以适合自己的身高。

❤️ 不可调式课桌椅，桌子或椅子过矮时，将桌子或椅子垫高即可。

❤️ 学校的课桌椅也要符合自己的身高要求，不合适时要及时调节或更换。

六、 家庭课桌椅使用常见误区及建议

✖ 书桌上放置玻璃板

这是不正确的。因为玻璃板会增加灯光反射，产生反射眩光，对眼睛有害！大多数书桌的桌面都过于光滑，灯光反射较强。在桌面上铺上浅色桌布，以减少桌面反光，保护眼睛。

小知识点：什么是眩光？

眩光是指视野中由于不适宜的亮度分布，或在空间或时间上存在极端的亮度对比，以致引起视觉不舒适和降低物体可见度的视觉条件。眩光是引起视觉疲劳的重要原因之一。眩光轻则使眼睛产生不适，重则会损害视力。

✖ 用"懒虫桌"代替书桌

　　"懒虫桌"是一种可以放在床上使用的折叠式小桌子，由一块木板和四条可折叠的金属桌腿组成。　"懒虫桌"很受学生欢迎，很多学生都喜欢在床上使用"懒虫桌"看书写字，但这是不合适的。因为"懒虫桌"高度低，无法保证眼睛与书本的距离及正确的坐姿，严重影响儿童身体及眼睛的发育！

　　建议家长为孩子配备专用课桌椅。

✖ 坐在床上看书写字

这是不合适的。对于儿童来说，床普遍偏高，以床替代椅子，会导致双脚无法平放在地面上甚至双脚悬空，严重阻碍下肢的血液循环。

建议家长为孩子配备专用课桌椅。

国家卫生公益性行业科研专项
——学生重大疾病防控技术和相关标准研制及应用
中小学生家庭预防近视指导丛书
JIATING CAIGUANG HE ZHAOMING ZHINAN
家庭采光和照明指南
安徽医科大学公共卫生学院
主编 陶芳标 华文娟 伍晓艳

国家卫生公益性行业科研专项
——学生重大疾病防控技术和相关标准研制及应用
中小学生家庭预防近视指导丛书
JIATING KEZHUOYI TIAOZHENG ZHINAN
家庭课桌椅调整指南
安徽医科大学公共卫生学院
主编 陶芳标 金菊香 伍晓艳

国家卫生公益性行业科研专项
——学生重大疾病防控技术和相关标准研制及应用
中小学生家庭预防近视指导丛书
JIATING DIANSHI DIANNAO SHIYONG ZHIDAO SHOUCE
家庭电视、电脑
使用指导手册
安徽医科大学公共卫生学院
主编 陶芳标 方云 伍晓艳

2012年卫生公益性行业科研专项（编号201202010）
——学生重大疾病防控技术和相关标准研制及应用
预防近视　保护视力
——中小学生预防近视适宜技术
安徽医科大学公共卫生学院
主编：陶芳标 袁长江